笑死人的进化

· 失败的进化 ·

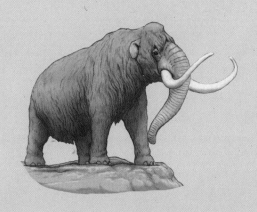

［日］今泉忠明 编

［日］川崎悟司 绘　佟凡 译　邢超超 审校

中信出版集团｜北京

前　言

　　本书介绍了一些灭绝的动物，甚至还会提到尚未认定已经灭绝的动物。北部白犀牛就是其中的代表，虽然尚未灭绝，不过目前只剩2头雌性。

　　如果仔细观察已经灭绝的动物，会有很多意想不到的发现。

　　有体长达到2米的巨河狸。

　　有身体长度约是头部10倍的龙王鲸。

　　有牙齿呈螺旋状扭转的居维叶象。

　　…………

　　如果查一查它们灭绝的原因，还会发现很多因为失败的进化而导致灭绝的情况。

　　比如因为肉太美味而灭绝的大海牛，因为只喜欢吃草而加速灭绝的真猛犸……

　　无论翻到哪一页，一定都能看到令你大吃一惊的

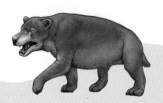

　灭绝动物。就连看起来有些平平无奇的灭绝动物，如果仔细阅读，也会令你惊叹。敬请期待吧！
　　本书由动物学家今泉忠明老师编写，插画是川崎悟司先生的作品。请大家尽情欣赏这些栩栩如生，仿佛能重现人间的动物们。

《失败的进化》编辑部

5 块大陆与地质年代划分

5 块大陆

欧亚大陆

非洲大陆

大洋洲大陆

5 块大陆

　　这本书将除南极洲以外的地球陆地分为 5 块大陆，为大家介绍已经灭绝的动物。

北美洲大陆

南美洲大陆

首先是欧亚大陆，这块大陆包括亚洲及欧洲地区，特点是多样性强。

最开始，欧亚大陆并不与印度大陆相接。由于地壳运动，印度大陆在数亿年的时间里缓慢从南向北移动，距今约6500万年前，印度大陆最终撞上了欧亚大陆，并且连在了一起。两块大陆撞击时形成了喜马拉雅山脉，后来又出现了戈壁沙漠。

因此，欧亚大陆上不仅有雄伟的高山、干燥地带、西伯利亚等严寒地区，还有印度、东南亚等炎热地区。另外，这里除了陆地，还有很多岛屿及半岛，生物的多样性非其他大陆可比。

接下来是北美洲大陆和南美洲大陆。北美洲大陆诞生过多种生物，很多生物的祖先就生活在这里。后来，这些生物向欧亚大陆和南美洲大陆迁徙，并且不断演化。

由于人类和现代文明的介入较晚，因此美洲大陆，特别是南美洲有很多独立演化的生物，其中也有因为人类的介入而灭绝的生物。

然后是大洋洲大陆。这片大陆气候炎热干燥，环境严酷，因此无法适应环境的生物就会逐渐灭绝。另外，大洋洲是有袋类动物的宝库，这里曾经生活着很多现已灭绝的有袋类动物。

最后是非洲大陆。非洲是人类起源的地方，这里曾经生活着很多灵长类动物，现在依然是动物们的宝库。可是，这里也有很多已经灭绝的动物。

本书将按照5块大陆的分类，分别为大家介绍已经灭绝的动物。如果大家阅读时，能够在脑海中描绘出当地的自然环境，就能让阅读变得更加愉快。

新生代的灭绝动物

　　本书将为大家介绍的是新生代动物。按照地质时代的划分，新生代是距离现在最近的时代。在此之前还有中生代、古生代等。古生代是三叶虫兴盛的时代，而中生代是恐龙兴盛的时代。

　　本书将使用地质学上的时代划分，标明动物们生活的时代。具体时间请参照下表。

地质时代的划分

代	纪	世	期	距今年代
新生代	第四纪	全新世		11700 年前~现代
		更新世	后期	126000 年前~ 11700 年前
			中期	781000 年前~ 126000 年前
			前期	258 万年前~ 781000 年前
	晚第三纪	上新世		5333000 年前~ 258 万年前
		中新世		2303 万年前~ 5333000 年前
	早第三纪	渐新世		3390 万年前~ 2303 万年前
		始新世		5600 万年前~ 3390 万年前
		古新世		6600 万年前~ 5600 万年前
中生代	白垩纪			1 亿 4500 万年前~ 6600 万年前
	侏罗纪			约 2 亿 130 万年前~ 1 亿 4500 万年前
	三叠纪			约 2 亿 5190 万年前~约 2 亿 130 万年前
古生代				5 亿 4100 万年前~约 2 亿 5190 万年前

　　其中，我们最希望大家了解的是开始于大约 1.1 万年前的新生代第四纪全新世。

　　全新世时期，生物的面貌已很接近于现代。

目录

第一章　曾生活在欧亚大陆，因为失败的进化而灭绝的动物

第二章　曾生活在北美洲大陆, 因为失败的进化而灭绝的动物

第三章　曾生活在南美洲大陆，因为失败的进化而灭绝的动物

第四章　曾生活在大洋洲大陆，因为失败的进化而灭绝的动物

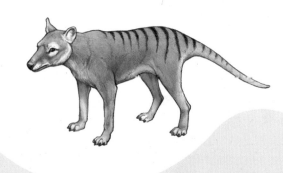

第五章　曾生活在非洲大陆，因为失败的进化而灭绝的动物

第一章

多种多样的动物宝库
——欧亚大陆！
本章为大家介绍
曾经生活在这里的 17 种动物。

曾生活在欧亚大陆，因为失败的进化而灭绝的动物

深受中国人喜爱的极危淡水鲸

白鱀豚
Lipotes vexillifer

- ●分类　　　　　　哺乳纲
- ●生存时间　　　　生存到 2007 年
- ●体形大小　　　　体长可达 2.2 米（雄性），2.5 米（雌性）
- ●发现地／栖息地　中国长江中下游
- ●名称含义　　　　生活在中国长江中的淡水鲸

生存到 21 世纪！

白鱀豚

最怕工业废水
和频繁的水上
交通！

长长的吻部，就像鸟喙一样。

　　全世界生活在淡水中的"豚"有 5 种。其中一种就是白
鱀（jì）豚，栖息地长江是全世界第三长的河流。

　　白鱀豚的吻部很长，像鸟喙一样，和我们熟悉的海豚不太
一样。它们深受中国人的喜爱。

　　可是到了 1980 年前后，白鱀豚的数量仅剩近 400 头，在
2006 年的调查中已经不见身影。据说白鱀豚灭绝的原因是注入
长江的工业废水和频繁的水上交通影响。如果白鱀豚既能生活
在淡水中，又能生活在海水中的话，或许我们现在还能再见到
它们，真是太令人遗憾了！

巴厘虎是虎类的一种，与其他几种老虎的不同之处在于，下半身条纹的间隔比上半身的窄，而且有黑色斑点。

巴厘虎生活在巴厘岛。对那里的人们来说，老虎是强壮的象征，拥有神奇的力量，是他们崇拜的对象。所以没有人想要捕杀老虎。

可是到了 19 ～ 20 世纪，欧洲狩猎者来到巴厘岛，开始捕猎老虎。对欧洲人来说，猎虎是展示自己狩猎能力的方式，还能获得老虎漂亮的皮毛。巴厘虎正是因为欧洲狩猎者的虚荣心和贪心而灭绝的。

因为欧洲狩猎者而灭绝！

巴厘虎

巴厘岛人人崇拜的老虎

下半身的条纹较少。

我的皮毛成了狩猎者的目标!

巴厘虎
Panthera tigris balica

- 分类　　　　　　哺乳纲
- 生存时间　　　　生存到 1937 年
- 体形大小　　　　体长约 2 米 (雌性)
- 发现地 / 栖息地　印度尼西亚的巴厘岛
- 名称含义　　　　生活在巴厘岛的老虎

曾经最兴盛的猛犸

真猛犸

耐寒的长毛

真猛犸
Mammuthus primigenius

- ●分类　　　　　　哺乳纲
- ●生存时间　　　　新生代第四纪（约 1 万年前灭绝）
- ●体形大小　　　　高 2.7 米左右
- ●发现地 / 栖息地　欧亚大陆北部、北美洲
- ●名称含义　　　　毛很长的猛犸象

　　猛犸中的代表就是真猛犸，在地球上的气候还非常寒冷的时期，其种群十分兴盛。因为它们全身覆盖着长长的毛发，耳朵也很小，所以能够抵御寒冷。

　　另外，弯曲的长牙能保护真猛犸不被敌人袭击。它的鼻尖很宽，可以用鼻子取食最喜欢的草。

　　可是在地球变暖之后，随着大草原面积的减少和森林的增加，真猛犸的食物剧减。太喜欢吃草竟成了真猛犸的灾难，或许是因为没办法适应森林，又或许是因为皮毛能制成防寒服，真猛玛被来到寒冷地区的人类捕猎，最终灭绝。

不怕冷的小耳朵

我适应不了
森林环境!

弯曲的长牙

因为太喜欢草原上
的草而灭绝?!

斯特拉大海牛不怕人类，以海藻类植物为食，过着悠闲的生活。可是，这样的大海牛却遭到了人类的捕猎。它们性格温顺，只能任人宰割。

斯特拉大海牛肉质上等，味道鲜美，而且脂肪可以榨油，还能挤出大量乳汁。在人类眼中是极富资源价值的动物。在刚被发现的 18 世纪时，它们能卖出相当高的价钱。

斯特拉大海牛在北太平洋生活了许多年，种群数量因为地球变暖而减少。再加上被人类捕猎，所以转瞬之间就灭绝了。

斯特拉大海牛
Hydrodamalis gigas

● 分类　　　　　　哺乳纲
● 生存时间　　　　生存到 1768 年
● 体形大小　　　　体长 8 米左右
● 发现地 / 栖息地　北太平洋
● 名称含义　　　　由博物学家斯特拉发现的海牛

慢性子海牛

斯特拉大海牛

皱皱巴巴的皮肤

人类还看中了我的脂肪和乳汁!

肉太美味! 在人类眼中极富价值

长长的脖子

人类认为我们能够快速奔跑！

巨犀
Paraceratherium

● 分类　　　　　哺乳纲
● 生存时间　　　新生代晚第三纪
● 体形大小　　　体长约 7.5 米
● 发现地 / 栖息地　东欧和亚洲东部
● 名称含义　　　巨大的犀牛

▲▲▲▲▲▲▲▲▲▲

成年个体体重能达到 15 ~ 20 吨!

巨犀

巨犀和现在的犀牛有几分相似，不过体形要大得多。体长约 7.5 米，肩高平均 4.5 米，成年后体重能达到 15 ~ 20 吨。它是目前所知道的最大的陆生哺乳动物。学界有两种说法，一种认为它和英卓克犀是同一种生物，另一种说法则认为二者不同。

巨犀生活的地方有一种牛，学界认为两种动物曾为争夺食物而激烈竞争，结果巨犀落败，没能生存下来。胜利的牛有能够反刍的胃，而巨犀没有，因此牛能从等量的植物中获得更多的能量。

—— 长长的腿

在陆生哺乳动物中体形最大，是犀牛的同类

欧洲狮

古罗马帝国的『角斗士』!

在古罗马时代,角斗士们在角斗场中面对的正是欧洲狮。角斗士们拼上性命,欧洲狮同样拼上了性命。在角斗场中,有数百头狮子惨遭杀害。欧洲狮比现存的非洲狮体形小,鬃毛

我并不住在草原,而是生活在距离人类居所更近的森林中!

与角斗士战斗过的、传说中的狮子

较短。或许正是因此才适合与人类战斗。

　　欧洲狮并不生活在草原上，而是生活在森林中，距离人类的居所更近，有时还会袭击家畜等。对人类来说，它们也许是可以杀掉的动物。欧洲狮在古罗马帝国全盛时期灭绝。

鬃毛较短。

欧洲狮
Panthera leo europaea

● 分类　　　　　　哺乳纲
● 生存时间　　　　生存到公元 100 年前后
● 体形大小　　　　体长 1.2 米（雌性）
● 发现地 / 栖息地　地中海沿岸
● 名称含义　　　　生活在欧洲的狮子

▲▲▲▲▲▲▲▲▲

粉头鸭

粉头鸭
Rhodonessa caryophyllacea

- ●分类　　　　　　鸟纲
- ●生存时间　　　　生存到20世纪30年代后半期？
- ●体形大小　　　　全长55～62厘米
- ●发现地/栖息地　印度、尼泊尔、缅甸、孟加拉国
- ●名称含义　　　　头部呈粉色的鸭子

我是生活在印度的粉色鸭子！

　　鸭如其名，粉头鸭从头部到脖子后面长着淡红色和粉色的羽毛。粉头鸭曾经生活在印度等地的沼泽河流，因为那里有鳄鱼和老虎，所以人类无法靠近。可是不久后，拥有武器的人类得以进入粉头鸭的栖息地，他们捕猎粉头鸭作为食物，致使它们数量剧减。1935年以后，印度再也没有发现粉头鸭。

　　另外，欧洲的动物园中也曾饲养着几只粉头鸭，可是它们在战乱中失踪，如今学界将粉头鸭列入极度濒危物种。

头部是 ——
粉色的。

因为人类过度捕猎
等原因而灭绝

尽管如此，我依然在范围很广的草原上兴盛过哟！

三趾马
Hipparion

- 分类　　　　　　哺乳纲
- 生存时间　　　　新生代晚第三纪中新世到第四纪更新世
- 体形大小　　　　体长约 2 米
- 发现地 / 栖息地　欧亚大陆、北美洲、非洲
- 名称含义　　　　有三趾的马

无法碰到地面的两趾

有三趾的马

三趾马

　　三趾马是马科中的一个旁支，从新生代的中新世一直生活到更新世，生存时间漫长。栖息地遍及欧亚大陆等地。

　　三趾马是原始的马，有三趾。可是两边的趾头已经退化，所以无法碰到地面。

　　最古老的马有四趾，为了在草原上快速奔跑演化成了三趾。

　　现如今，马的趾数已经减少到一趾。

三趾中有两趾
已经退化的马

▲▲▲▲▲▲▲▲▲▲▲

已经灭绝的森林守护神

日本狼

　　曾经生活在日本本州、四国和九州的日本狼，体形小巧，是原始的犬科动物。据说它们性情温和，会捕猎破坏田地的鹿和野猪，所以被农民当成庄稼守护神。有一种说法认为"狼"这一日语词汇来源于"大神"①，从中也可以看出日本狼曾经受到当地人们的尊敬。

　　可是日本狼的栖息地逐渐减少，日本狼还患上了外来物种带来的狂犬病。狂犬病是一种可怕的疾病，人类也有可能被传染，所以日本开展了灭狼行动。1905 年，最后一头雄性日本狼在奈良县被猎杀，日本狼宣告灭绝。

---

① 在日语中，"狼"和"大神"的读音相同。

日本狼
Canis hodophilax

- ●分类　　　　　　　哺乳纲
- ●生存时间　　　　　生存到 1905 年
- ●体形大小　　　　　体长 95～115 厘米
- ●发现地 / 栖息地　　日本本州、四国、九州
- ●名称含义　　　　　日本的狼

巨大的头部

蒙古安氏中兽
Andrewsarchus

- ●分类　　　　　　　哺乳纲
- ●生存时间　　　　　新生代早第三纪始新世
- ●体形大小　　　　　体长 3 ~ 4 米
- ●发现地 / 栖息地　　蒙古和中国
- ●名称含义　　　　　安德鲁斯（发现者的名字）在蒙古发现

体长能达到3~4米，
仅头部就有1米长！

最大的陆生哺乳类食肉动物之一

蒙古安氏中兽

蒙古安氏中兽是巨大的陆生哺乳类食肉动物，体长 3 ~ 4 米，仅头部就将近 1 米。在蒙古发现的头盖骨化石上可以看到，它的下颌长有巨大的牙齿。

蒙古安氏中兽主要兴盛于新生代始新世，属于哺乳类食肉动物。锐利的牙齿可以咬碎坚硬的食物，也有说法认为它们以死去的动物肉为食。

另外，由于至今尚未发现蒙古安氏中兽的全身骨骼，所以它依然是一种神秘的生物。也有一种说法认为蒙古安氏中兽的样子类似于脾气残暴、体形巨大的野猪。

动物肉真好吃!

巨猿是在亚洲发现的大型动物。可是如今只找到了牙齿和下颌骨，全身的准确尺寸不明。学界有各种各样的推测，有说法认为巨猿体长能达到 1.8 米，也有说法认为能达到 3 米。

　　学界认为巨猿的外形和现在的大猩猩、红毛猩猩相似。

　　根据推测，巨猿确定曾生活在第四纪更新世。

巨猿
Gigantopithecus

● 分类　　　　　　　哺乳纲
● 生存时间　　　　　新生代第四纪更新世
● 体形大小　　　　　体长 1.8～3 米
● 发现地 / 栖息地　　亚洲
● 名称含义　　　　　体形巨大的类人猿

▲▲▲▲▲▲▲▲▲ ▲ ▲

体长 3 米?! 巨大类人猿

巨猿

外形与巨大的大猩猩、
红毛猩猩相似

可以咬碎坚硬
的果壳？

超大超重的扇贝

高桥扇贝

发现于日本和俄罗斯，生活在晚第三纪的扇贝。高桥扇贝和现在的扇贝不同，宽度能达到 16 厘米，贝壳高高隆起，相当有分量。另外，现在的扇贝可以游泳，可是高桥扇贝只有在小时候可以游泳，长大后就会躺在海底。在距今700 万 ~ 100 万年间，每次地球变暖或变冷，高桥扇贝都会随着气候变化在北海道周围或南下或北上，改变栖息地。

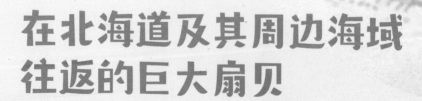

在北海道及其周边海域往返的巨大扇贝

巨大的隆起的壳

我不会游泳，
一直躺在海底。

高桥扇贝
Fortipecten takahashii

- 分类 ⬤ 分类 双壳纲
- ⬤ 生存时间 新生代晚第三纪
- ⬤ 体形大小 宽 16 厘米
- ⬤ 发现地 / 栖息地 日本、俄罗斯等地海域
- ⬤ 名称含义 高桥（发现者的名字）发现的扇贝

海熊兽

海狮和海豹最古老的同类

海熊兽是海狮和海豹的同类，是人类目前所知最早的鳍足类动物。

海熊兽生活在中新世初期，四肢前端有蹼膜，在海中游泳，几乎具备现在的鳍足类动物的所有特征，不过其牙齿还保留

鳍足

着陆生肉食动物的形态。

　　另一方面，还有一种说法认为鳍足类动物的祖先是"达氏海幼兽"，曾生活在北极地区，脚上有小小的蹼。

史上最古老的鳍足类动物

我有鳍足，擅长在海里游泳！

海熊兽
Enaliarctos

- ●分类　　　　　　　哺乳纲
- ●生存时间　　　　　新生代晚第三纪中新世初期
- ●体形大小　　　　　体长约 1.5 米
- ●发现地 / 栖息地　　美国、日本
- ●名称含义　　　　　生活在海里的"熊"

可能因为与人类的冲突而灭绝?

洞熊

体形魁梧,
体长可达到 2 米。

　　洞熊是在洞穴里筑巢的熊,是熊科动物。因为在欧亚大陆(主要在北部)的洞穴中发现了大量化石而得名,学界认为洞熊冬天会在洞穴中冬眠。

　　洞熊体长 2 米左右,与棕熊相近,或者较大一些。食性不明,有两种说法,一种认为洞熊吃植物,一种认为它是杂食性动物。

　　洞熊生活在更新世后期,灭绝的原因是有些洞熊在冬天找不到洞穴冬眠,而且可供它们食用的食物大量减少,或者曾与人类发生冲突。

洞熊
Ursus spelaeus

● 分类　　　　　　　哺乳纲
● 生存时间　　　　　新生代第四纪更新世
● 体形大小　　　　　体长约 2 米
● 发现地 / 栖息地　　欧亚大陆
● 名称含义　　　　　洞穴里的熊

在洞穴中发现大量
这种熊的化石

我冬眠的地点
也是洞穴中哟。

起初被误认为是蹄兔类，其实是马的祖先

始祖马
Hyracotherium

- 分类　　　　　　哺乳纲
- 生存时间　　　　新生代早第三纪
- 体形大小　　　　体长 60 ～ 100 厘米
- 发现地 / 栖息地　欧洲、北美洲
- 名称含义　　　　像蹄兔一样的兽类

我是"始祖马"哟!

后足有三趾。

马的始祖

始祖马

始祖马是马科动物最古老的祖先。1838年研究者在英国发现始祖马的牙齿化石，第二年发现头盖骨化石，体形大小比现在的马小很多，当时的人们并没有认为它是马的祖先，所以起名为"似蹄兔兽"。

可是此后，北美不断发现同样的马科动物化石，始祖马的全身骨骼也被发现，前足四趾，后足三趾。当时这种马被命名为"始新世的马"，后来研究者统一了意见，发现它与"似蹄兔兽"是同一种生物。于是，两种最古老的马科动物合二为一。

前足有四趾。

头骨能超过 1 米。

我的头部前端有大大的骨突

鼻骨高高突起的动物

锤鼻雷兽

　　锤鼻雷兽头部有巨大的骨突，是奇蹄目动物。骨突是鼻骨变大后进化而来的，因为形状像巨大的锤子一样，所以叫锤鼻雷兽。包含骨突在内，其头骨能达到 1.1 米，是一种体形非常巨大的动物。

　　顺带一提，关于头部骨突的作用有各种各样的说法，有人

头部长着像装甲板一样的骨突

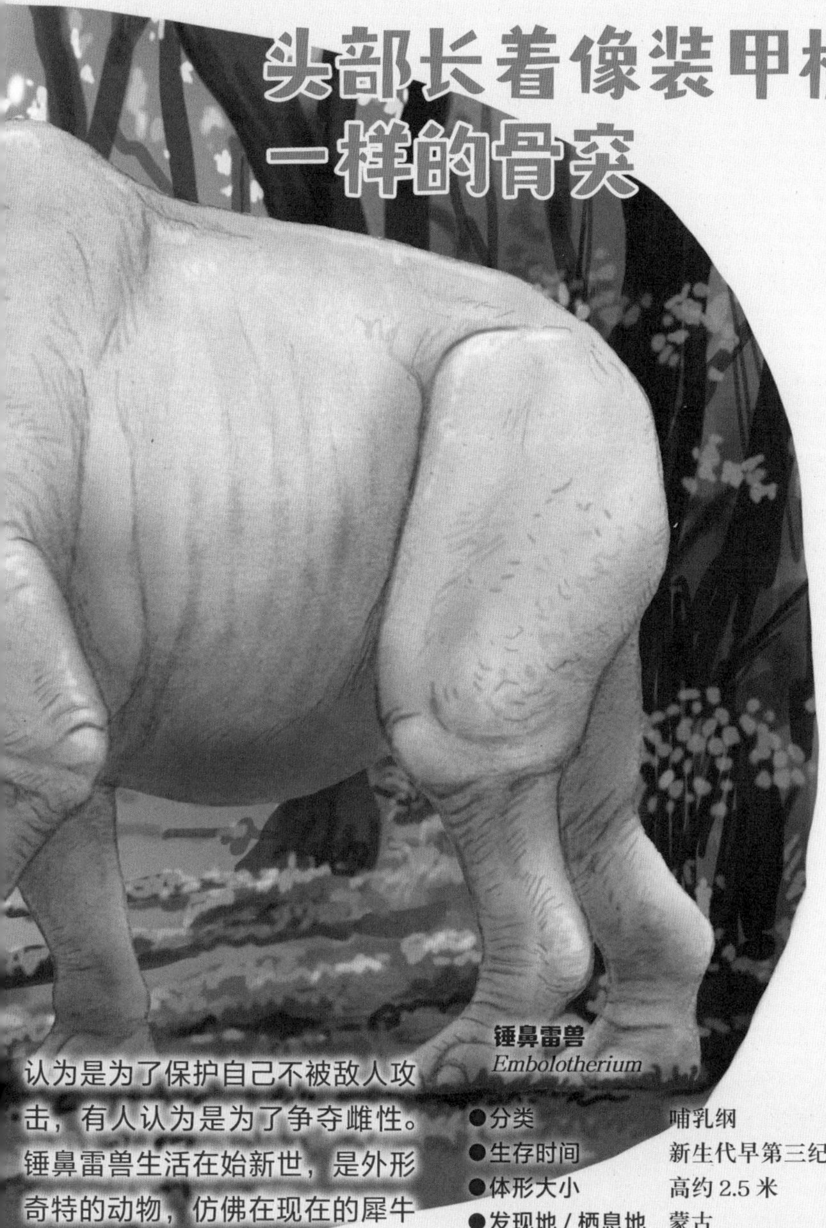

锤鼻雷兽
Embolotherium

认为是为了保护自己不被敌人攻击，有人认为是为了争夺雌性。锤鼻雷兽生活在始新世，是外形奇特的动物，仿佛在现在的犀牛身上融入了恐龙的一部分。

- 分类　　　　　　　哺乳纲
- 生存时间　　　　　新生代早第三纪始新世
- 体形大小　　　　　高约2.5米
- 发现地／栖息地　　蒙古
- 名称含义　　　　　鼻骨像破城锤一样的野兽

富有光泽的翅膀

红褐色的身体

琉球翠鸟
Halcyon miyakoensis

- ●分类　　　　　　鸟纲
- ●生存时间　　　　确认于 1937 年灭绝
- ●体形大小　　　　全长约 20 厘米
- ●发现地 / 栖息地　日本冲绳县宫古岛
- ●名称含义　　　　宫古岛的翠鸟

日本宫古岛的梦幻鸟类

琉球翠鸟

曾经非常
美丽?!

超稀有鸟类
因为一个标本被列为新物种

琉球翠鸟可以说是超级梦幻的鸟类，有时甚至会令人怀疑它是否真的存在过。

研究人员只在 1887 年发现过一具琉球翠鸟标本，从那以后这种鸟再也没有被发现过。尽管如此，它依然在 1919 年被作为新物种登记在册，但后来世界自然保护联盟认为它是桂红翡翠的亚种。

它长长的喙呈淡黑色，从头部到腹部为红褐色，背部、翅膀和尾巴是富有光泽的蓝色。尽管标本的颜色黯淡，不过可以想象它还活着的时候是多么美丽。当然，现在也只能想一想了……

■ 专栏　令人震惊的进化与灭绝的故事 1

究竟是谁造成了尼安德特人的灭绝？

据说答案是克罗马农人。克罗马农人属于智人，但他们是如何让尼安德特人灭绝的呢？

起初占据优势的尼安德特人

其实尼安德特人身材高大，身体机能也胜过克罗马农人，就连大脑的尺寸也略胜一筹。

而且尼安德特人耐寒，而克罗马农人怕冷。

所以尼安德特人成功地走出了非洲，而克罗马农人的第一次"出非洲记"宣告失败。人类诞生于非洲，因此要想走向世界，无论如何都必须离开非洲。克罗马农人的失败或许是因为无法抵御气候变化所造成的全球变冷。

可是，克罗马农人的第二次尝试成功了，他们发明了防寒服——从野兽身上得到了毛皮，于是走向了世界。

那么克罗马农人是如何将尼安德特人逼到灭绝的呢？这是因为他们除了鸟兽之外，还在海边食用贝类，驯养狗等家畜。

另外，克罗马农人的身体比尼安德特人小，这也成了他们的幸运之处。因为身体消耗的热量少，所以他们只用消耗比尼安德特人更少的热量，就能移动到更远的地方。

当时的地球正处于气候变化剧烈的时期，越走到远方更安全的地方，生存下来的概率越高。

而且克罗马农人依据男女的体格差异，完成了女性和男性之间的初始分工。女性负责采集果子、做家务，男性负责狩猎。尼安德特人则没有分工，男女都要狩猎。分工当然能够提高效率，获得更多的食物。

克罗马农人的族群人数也要更多，能用更复杂的语言完成交流，从而统领更大的族群。

族群越大，越能完成大规模的工作，抵御风险的能力越强，存活下来的概率也就越大。

地球环境变化帮助了克罗马农人

不过，正因为当时正处于地球环境变化的时代，克罗马农人的优势才能发挥作用。如果地球环境保持稳定，这些古人类就不需要迁徙到远方。而且如果猎物较多，女性参加狩猎也会更容易，小族群中的成员也能分到更多猎物。

地球环境的变化帮助了克罗马农人。而且，他们或许更聪明一些，懂得进入尼安德特人的势力范围夺取生存资源，如食物和住所等。

第二章

奇特动物的发源地
——北美洲大陆！
本章为大家介绍曾经生活在
这里的 17 种动物。

曾生活在北美洲大陆，因为失败的进化而灭绝的动物

败给了
小型野牛？！

　　野牛中体形最大的一种，因为有过于巨大的长角，所以叫长角野牛。两角之间的距离能达到 2 米多。

　　长角野牛曾生活的地区，环境与现在的野牛生活的草原几乎没有区别。可是它们为什么会灭绝呢？

　　原因尚未明确。比它们小一圈的野牛如今依然生活在地球上，体形更大的它们却灭绝了。是因为人类过度捕猎，还是因为体形过大无法适应气候变化造成的食物剧减，抑或是遭到了其他动物的驱逐呢？

最大的野牛之一

长角野牛

身体比现在的野牛
大 25% ~ 50%。

长角野牛
Bison latifrons

● 分类　　　　　　哺乳纲
● 生存时间　　　　新生代第四纪更新世
● 体形大小　　　　体长约 4.2 米
● 发现地 / 栖息地　北美洲
● 名称含义　　　　角很长的野牛

横向伸展，令人害怕的角

能左右大幅度转动的脖子

尖锐的犬齿

能撕裂猛犸
的牙

面对年幼猛犸时能一击制敌

较长的前肢

锯齿虎

锯齿虎有必杀技，就是用它那尖锐的犬齿撕裂猛犸等动物。

同为猫科动物的狮子也有犬齿，不过它无法撕裂大型动物。锯齿虎体形比狮子小一些，却能撕裂大型动物，成功完成狩猎。

它们尤其会捕食猛犸等动物的幼崽，在锯齿虎居住的洞穴里发现了大量大型动物幼兽的牙。

可当这些大型动物灭绝后，锯齿虎也随之灭绝了，食物来源单一是难以生存下来的。

锯齿虎
Homotherium

● 分类　　　　　哺乳纲
● 生存时间　　　新生代第四纪更新世晚期（11700 年前左右灭绝）
● 体形大小　　　体长约 1.7 米
● 发现地／栖息地　以北美为中心，分布在全世界
● 名称含义　　　像剑齿虎一样的野兽

集体捕猎，吃光腐肉！连鬣狗都会震惊！

大头

四肢细而短，不适合长距离奔跑。

我连骨头都吃干净！

▲▲▲▲▲▲▲▲▲▲

大头巨狼

恐狼

　　恐狼体长 1.6 米左右，而已经灭绝的日本狼体长为 1 米左右。恐狼的头格外大，体形与其相似的灰狼的头长只有 26 厘米，而恐狼的头长能达到 31 厘米。

　　恐狼会集体狩猎。不过因为奔跑速度太快，短时间消耗能量巨大，所以无法进行长距离奔跑。其猎物主要是野牛，学界认为它们是在猎物减少后灭绝的。

　　还有一种说法认为恐狼多以腐肉为食，它们既像鬣（liè）狗一样集体捕猎，也会吃腐肉。因为恐狼的头和牙齿大而坚硬，所以或许甚至能将猎物的骨头吃光。

恐狼
Aenocyon dirus

- 分类　　　　　　　哺乳纲
- 生存时间　　　　　新生代第四纪更新世
- 体形大小　　　　　体长约 1.6 米
- 发现地 / 栖息地　　北美洲
- 名称含义　　　　　恐怖的狼

▲▲▲▲▲▲▲▲▲▲

史上最大的熊

巨型短面熊

　　四肢着地时高度达到 2 米的巨熊。它的四肢很长，能在草原上狂奔。要是被这种熊追可太恐怖了。

　　巨型短面熊的食物尚不明确。其化石在美国犹他州被发现时，它的旁边还有猛犸的化石，猛犸的化石上能看到类似于被熊咬过的痕迹。并且巨型短面熊的头型与猫科动物相近，所以人们认为它是肉食性动物。

　　不过巨型短面熊的臼齿平坦，是用来磨碎植物的结构。所以也有说法认为它是草食性动物或者杂食性动物。

　　其灭绝原因尚不明确。如果是肉食性动物，或许是因为猎物短缺而灭绝的吧……

巨型短面熊
Arctodus simus

- ●分类　　　　　　哺乳纲
- ●生存时间　　　　新生代第四纪
- ●体形大小　　　　四肢着地时高 2 米，站立时高达 3 米左右
- ●发现地 / 栖息地　北美洲
- ●名称含义　　　　牙齿和鼻子扁平的体形巨大的熊

体形巨大又跑得快!
超级恐怖的熊

▲▲▲▲▲▲▲▲▲▲

能吞下整个猎物的鸟

泰乐通鸟

Teratornis 在拉丁语中的意思是"怪异的鸟"。有说法认为这种鸟是食腐动物,同样以尸体为食的鹫类会将头伸进尸体中,据说因为长期摩擦和防止沾染细菌,所以头是秃的。

可是泰乐通鸟并不秃,也许是因为它能张大嘴将猎物整个吞下。它的猎物是陆地上的小动物和鱼等。

泰乐通鸟双翼展开后能达到 4 米,体重有 15 千克。现存的鸟类中没有体形大小超过它的,是体形很大的怪鸟。它能像鸢一样乘着上升气流,展开双翼在高空翱翔。

泰乐通鸟
Teratornis merriami

- ●分类　　　　　　鸟纲
- ●生存时间　　　　新生代第四纪
- ●体形大小　　　　展开双翼后能达到 4 米
- ●发现地 / 栖息地　北美洲
- ●名称含义　　　　"泰乐通"是拉丁语 *terato*(怪异的)的音译,
　　　　　　　　　　ornis 是"鸟"的意思

展开巨大的双翼,
在高空中翱翔的怪鸟

美洲拟狮
Panthera leoatrox

- ●分类　　　　　　哺乳纲
- ●生存时间　　　　新生代第四纪更新世
- ●体形大小　　　　体长约 3.5 米
- ●发现地 / 栖息地　北美洲
- ●名称含义　　　　凶猛的狮子

　　在第四纪更新世的北美洲大陆上，生活着和现在非洲的狮子非常相似的美洲拟狮。

　　据科学家推测，它们是史上最大的猫科动物之一，是现在狮子的 1.3 倍大，体长约 3.5 米。据推测，雌性狮的体重能达到 420 千克。

　　学界认为美洲拟狮灭绝的原因是作为猎物的马等动物没有了。也有说法认为它们在与剑齿虎类动物的竞争中落败进而灭绝。

▲▲▲▲▲▲▲▲▲▲

北美洲也有狮子

美洲拟狮

每年能迁徙约 1000 千米。

人类不顾
我们会灭绝,
肆意捕猎!

个体数量曾达到鸟类史上
惊人的程度

数量曾有 50 亿只的鸽子竟然灭绝了

旅鸽

　　旅鸽是曾经生活在北美洲，随季节变化迁徙的鸽子。每年夏天在加拿大南部到北美洲北部生活，冬天飞到墨西哥湾，旅程能达到 1000 千米左右。旅鸽的数量庞大，有一种说法认为曾经达到 50 亿只。据说旅鸽的集群太大，成群飞过天空时能遮天蔽日。

　　可是 19 世纪初，人类开拓北美地区，破坏了旅鸽的栖息地，还会捕杀它们，利用它们的羽毛和肉，就这样，数量曾经达到 50 亿只的旅鸽最后被人类赶尽杀绝。1914 年，动物园里的最后一只旅鸽死去，这一物种宣告灭绝。

旅鸽
Ectopistes migratorius

- ●分类　　　　　　　鸟纲
- ●生存时间　　　　　生存到 1914 年
- ●体形大小　　　　　全长 35 ~ 41 厘米
- ●发现地 / 栖息地　　北美洲
- ●名称含义　　　　　随季节变化而迁徙的鸽子

普鲁托翼鸟
Protopteum

- 分类　　　　　　鸟纲
- 生存时间　　　　新生代早第三纪
- 体形大小　　　　全长约2米
- 发现地／栖息地　从北美洲到北太平洋沿岸
- 名称含义　　　　能游泳的翅膀

像企鹅的巨大鹈鹕?!

普鲁托翼鸟

普鲁托翼鸟无论怎么看都像现在的企鹅,但它实际上却是古代鹈鹕的同类,曾经生活在北太平洋。

学界认为普鲁托翼鸟能潜入大海,把翅膀当成鳍来游泳,以水中的鱼虾为食。

在日本也发现了普鲁托翼鸟的化石,日本人还给它起了一个昵称"拟企鹅"。

另外,普鲁托翼鸟再怎么说也太大了。全长能达到 2 米,真是令人震惊!它们不像鹈鹕一样有喉囊,所以看上去更像企鹅……

像企鹅却不是企鹅?!

最古老的兔子之一

古兔

古兔
Palaeolagus

- 分类　　　　　　哺乳纲
- 生存时间　　　　新生代早第三纪
- 体形大小　　　　体长 25 ~ 30 厘米
- 发现地 / 栖息地　北美洲
- 名称含义　　　　古老的兔子

　　古兔生活在早第三纪始新世后期到渐新世后期的北美洲，是非常原始的兔类动物。

　　古兔的骨骼和现在的穴兔很像，不过它的后腿很短，所以恐怕并不像现在的兔子一样擅长跳跃。

　　从那个时代开始，生活在中新世初期的北美洲的兔科动物们不断进化，而古兔则灭绝了。

　　古兔曾生活在稀疏的丛林和草原上，以树叶和草为食。

057

虽然我像鳄鱼，却是更原始的生物！

头部凹陷呈心形。

又细又长的鼻尖

鳄龙
Champsosaurus

● 分类　　　　　　爬行纲
● 生存时间　　　　中生代白垩纪到新生代早第三纪始新世
● 体形大小　　　　全长 1.5 ～ 4 米
● 发现地 / 栖息地　北美洲、欧洲
● 名称含义　　　　像鳄鱼的蜥蜴

活过了白垩纪物种
大灭绝的爬行类动物

▲▲▲▲▲ ▲▲▲▲▲

有着心形头部的爬行类动物
鳄龙

　　鳄龙的头部凹陷呈心形，鼻尖又细又长。

　　乍一看就像现在的鳄鱼，不过它和鳄鱼是完全不同的动物。从鳄龙的骨骼化石中能看出多处比鳄鱼更原始的部分。

　　恐龙生活的白垩纪有大量动物灭绝，而鳄龙存活了下来，一直生存到早第三纪始新世，它是爬行动物。

　　鳄龙长 1.5 米到 4 米不等，生活在淡水水域，长长的鼻尖能浮出水面呼吸。

　　在北美洲和欧洲等地区都发现了鳄龙化石。

像小型豹子一样的
原始猫科动物

长长的犬齿

恐齿猫（古飙）
Dinictis

- ●分类　　　　　　哺乳纲
- ●生存时间　　　　新生代早第三纪渐新世
- ●体形大小　　　　体长 90 ～ 110 厘米
- ●发现地 / 栖息地　北美洲
- ●名称含义　　　　长有恐怖牙齿的猫

生活在北美洲，有巨大犬齿的猫科动物
恐齿猫

恐齿猫是曾经生活在北美洲的原始猫科动物。体长 90 ～ 110 厘米，全身体形纤细。四肢和尾巴都很长，或许像现在的猫科动物一样动作敏捷。

可是恐齿猫完全没办法像现在的猫科动物这样伸缩指甲。它应该是用整个脚掌行走的跖行动物，就像熊和熊猫那样。

恐齿猫有大而长的犬齿，能牢牢咬住猎物。

黄昏犬

有锐利牙齿的狗

黄昏犬的体形与现在的貂和鼬相似，是古犬的一种。据人类所知，黄昏犬是最古老的犬科动物之一。

和现在的狗用脚趾走路不同，它们是用脚掌触地行走的。另外，黄昏犬不仅能在地面上行走，它们还可以爬树。

黄昏犬
Hesperocyon

- 分类　　　　　　哺乳纲
- 生存时间　　　　新生代早第三纪
- 体形大小　　　　体长约 40 厘米
- 发现地 / 栖息地　北美洲
- 名称含义　　　　西方的狗

用脚掌接触
地面行走。

黄昏犬的体长能达到40厘米，从早第三纪的始新世到渐新世，生活在北美洲的森林中。前后肢均为五趾。

它们像其他肉食性动物一样，有锐利的牙齿，但也以植物为食，为杂食性动物。

人类目前所知最古老的犬科动物之一

我还能上树！

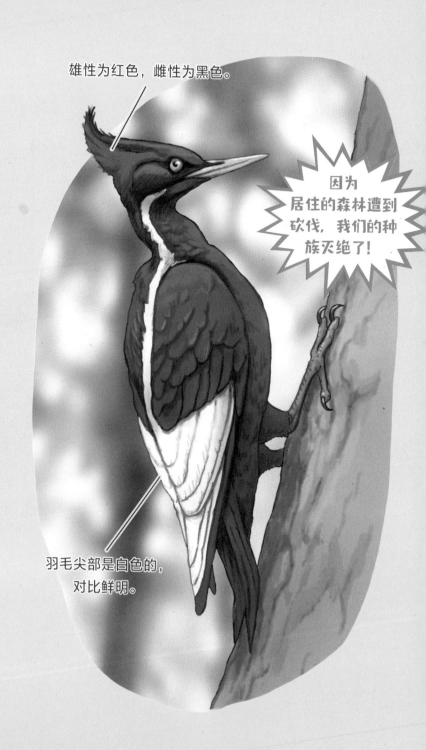

▲▲▲▲▲▲▲▲▲▲

雄性有红色的羽冠

帝啄木鸟

　　帝啄木鸟是全世界最大的啄木鸟。从名字中的"帝"便可以看出它的尺寸之大。

　　另外，雄性帝啄木鸟头上的羽冠是红色的，就像王冠一样，有满满的帝王感。雌性的羽冠是黑色的，与雄性相比更加向前卷曲。雌性和雄性大部分的羽毛都是黑色，翅膀和颈部部分为白色。

　　1956 年，有人拍到了帝啄木鸟的影像，这段影像在 40 年后公开，不过学界认为帝啄木鸟在这段时间里可能已经灭绝。灭绝的原因是人类不断砍伐森林和开拓土地，帝啄木鸟被当成开拓土地的障碍遭到捕猎。真是一个残酷的故事。

帝啄木鸟
Campephilus imperialis

● 分类　　　　　　鸟纲
● 生存时间　　　　最后目击时间为 1956 年
● 体形大小　　　　雄性成鸟全长可达 60 厘米
● 发现地 / 栖息地　墨西哥
● 名称含义　　　　啄木鸟中体形最大的一种

满满的帝王感！曾经是世界上最大的啄木鸟

结实的长门牙

我是传说中
的河狸!

巨河狸
Castoroides ohioensis

- ●分类　　　　　　哺乳纲
- ●生存时间　　　　新生代第四纪
- ●体形大小　　　　体长2米左右
- ●发现地/栖息地　北美洲
- ●名称含义　　　　巨大的河狸

太大了! 长达2米!
超过多数人类的大小

巨河狸的体长能达到 2 米，是一种巨大的河狸，体形大小和熊差不多，大约是现代河狸的 2 倍。直立时比多数人还高，实在太大了。

　　巨河狸与现在的河狸一样有结实的长门牙，能削下树皮作为食物。不过现在的河狸尾巴是扁平形状，而巨河狸的尾巴则是棒状。不仅如此，巨河狸也不会在河上筑堤坝。

　　不过，在北美洲土著米克马克人留下的传说中，有巨河狸筑堤坝阻止鱼通过的传说，所以巨河狸是否会筑堤坝还尚不清楚。

棒状的尾巴

像熊一样大！

巨河狸

▲▲▲▲▲▲▲▲▲▲

大海雀

　　因为身体黑白色的配色，所以曾经被当作企鹅，不过，它站立时的姿态确实与企鹅如出一辙。现在的海雀可以在天空中飞翔，但大海雀并不会飞，简直太像企鹅了！

　　它们太缺乏警惕性，就算人类靠近也不会逃跑。渔夫们看中了大海雀的肉、脂肪和羽毛，将它们一步步捕捉殆尽。

　　大海雀很擅长游泳，每年可以在海里轻松地生活 10 个月之久。如果它们擅长的不是游泳，而是飞行，或许现在依然生存在地球上吧。

大海雀
Pinguinus impennis

- ●分类　　　　　　　鸟纲
- ●生存时间　　　　　生存到 1844 年
- ●体形大小　　　　　全长约 80 厘米
- ●发现地／栖息地　　北大西洋、北冰洋
- ●名称含义　　　　　看起来像企鹅，其实是海雀科动物

太缺乏警惕性！被人类捕猎导致灭绝！

头和脖子后面是黑色的羽毛。

看起来像企鹅!

肚子周围是白色的羽毛。

名叫『假熊猴』，是可爱的灵长类动物

在树上生活。

假熊猴（北狐猴）
Notharctus

- 分类　　　　　　哺乳纲
- 生存时间　　　　新生代早第三纪始新世
- 体形大小　　　　体长 40 厘米（尾巴除外）
- 发现地 / 栖息地　北美洲
- 名称含义　　　　生活于北方的狐猴

小头

较长的嘴

人类发现了我的
完整头骨!

狐猴的祖先

假熊猴

假熊猴生存的时代是新生代早第三纪始新世，这是哺乳类动物全盛时代的开始。当时诞生了现今很多哺乳动物的祖先。假熊猴便是其中一种，据说它们是狐猴的祖先。

不过，那是一个环境残酷的时代。很多哺乳类动物诞生后又灭绝了。眼镜狐猴的祖先尼古鲁猴同样诞生于始新世，不过现已灭绝。

假熊猴的嘴比现在的狐猴略长，在树上生活，头部较小，全身的骨骼与现在的狐猴别无二致。

个子太矮了！甚至不如成年人类

一直生存到3700年前！

体高1米左右。——

世界上最小的猛犸

侏儒猛犸

侏儒猛犸
Mammuthus exilis

- ●分类　　　　　　哺乳纲
- ●生存时间　　　　新生代第四纪
- ●体形大小　　　　成年体长约 1.4 ~ 2 米, 高约 1 米
- ●发现地 / 栖息地　主要生活在阿拉斯加
- ●名称含义　　　　体形很小的猛犸

　　身高比成年人还矮, 只有 1 米左右。侏儒猛犸似乎原本体形很大, 不过随着进化, 只有体形较小的个体生存下来。

　　其化石发现于美国阿拉斯加的圣保罗岛和俄罗斯的弗兰格尔岛。不过在 1 万多年前, 侏儒猛犸也生活在美国的加利福尼亚沿岸。

　　大约 1 万年前, 海平面由于地球变暖而上升, 原本与陆地相连的弗兰格尔地区同大陆分离, 成了岛屿。据说侏儒猛犸在那里生存到 3700 年前。时间距离现在非常近啊!

猎豹和骆驼的诞生地
都是北美!

　　猎豹在非洲的草原上狂奔,就像是非洲的象征(一部分猎豹也生活在位于亚洲的伊朗)。

现在的猎豹顺利度过了冰河期

可是，据说猎豹的诞生地是北美。

从发掘出的化石中可以看出，猎豹诞生于北美地区，后来遍布全世界。

20 万年前，当时，地球上几乎任何地方都能看到猎豹的身影。

可是在 2 万年前范围最广、时间最长的冰河期中，多数哺乳动物灭绝，猎豹也面临着严峻的生存危机。据说地球上 75%的哺乳动物死在了那个时代。北半球的猎豹同样死去了大半。

猎豹中的近亲交配增加

但是，在相对温暖的非洲等地，猎豹生存了下来。可是由于猎豹在那段时间里数量减少得太多，所以种群内部近亲繁衍的数量增加。

因此活下来的猎豹拥有非常相似的基因，就像双胞胎一样，处于相当危险的状态。

顺带一提，猎豹在某些时代还曾经被人类当成"宠物"。在距今 5000 年前，苏美尔人画下了人类用锁链牵着猎豹散步的场景。另外，埃及法老曾经将猎豹当成神灵来崇拜。

猎豹在很长一段时间里都是与人类密不可分的动物。

北美的骆驼灭绝了，不过……

和猎豹一样，骆驼同样起源于北美。没错，正是大家熟悉的骆驼。

说到骆驼，我们的脑海中便会浮现出骆驼驮着货物在沙漠中行走的形象。

从 300 多万年前开始，骆驼在北美繁盛起来。据最新的研究推测，骆驼的发源地应该在靠近北极的地方。沙漠生物竟然起源于北极，这实在令人难以置信。

在 200 万年前左右的冰河时期，那时的骆驼越过结冰的白令海峡进入了欧亚大陆，然后进化成了现在的骆驼。

后来，北美的骆驼灭绝，南下来到南美的骆驼存活了下来。它们或许进化成了美洲驼和羊驼。

骆驼可以说是美洲驼和羊驼的近亲。这样说来，仔细一看，它们的长相和身形还真有几分相似呢。

第三章

很多特有物种在这里繁衍，又灭绝
——南美洲大陆！
本章为大家介绍曾经生活在这里的
11 种动物。

曾生活在南美洲大陆，因为失败的进化而灭绝的动物

▲▲▲▲▲▲▲▲▲

生活在安第斯山脉，是大象的远亲

居维叶象

螺旋形扭转的门齿

　　它和大象相似，却又不同。大象的鼻子是在进化过程中逐渐变长的，可是居维叶象所属的嵌齿象科本来脸部就向前突出，后来下颌退化，只留下一条长鼻子。尽管鼻子的外形与大象相似，但其形成过程并不相同。另外，居维叶象最大的特点是呈螺旋形扭转的门齿，现在尚不明确它们的门齿扭转的原因。

　　发现居维叶象骨骼的地区周围，也大多发现了人类制作的石器，可见这种动物遭到了人类的捕猎，或许它们正是因此而灭绝的。

长有螺旋形扭转的门齿！

我因被人类
捕猎而灭绝了！

居维叶象
Cuvieronius hyodon

- 分类　　　　　哺乳纲
- 生存时间　　　新生代第四纪
- 体形大小　　　体长 3 米（不包含牙齿），
　　　　　　　　高 2.7 米
- 发现地 / 栖息地　北美洲和南美洲
- 名称含义　　　以古生物学创始人居维叶
　　　　　　　　的名字命名的大象

狼的近亲。

穴居原犬
Protocyon troglodytes

- ●分类　　　　　哺乳纲
- ●生存时间　　　新生代第四纪
- ●体形大小　　　体长约 1.6 米
- ●发现地 / 栖息地　从墨西哥到南美洲
- ●名称含义　　　住在洞穴中的狗

像狼又不是狼！

被人类当成了
猎物！

▲▲▲▲▲▲▲▲▲

生活在南美洲的大型犬科动物

穴居原犬

穴居原犬的化石发掘于从墨西哥到南美洲的洞穴、溪谷中，它们生活在距今 1 万年前的时代。

现如今，南美洲已经没有大型肉食性犬科动物了。可是在人类到达南美洲之前，那里曾经有过犬科动物，其中之一就是穴居原犬。

穴居原犬会成群结队地追逐猎物，进行捕猎，甚至会像鬣狗一样咬碎猎物的骨头。

可是自从人类出现在南美洲之后，穴居原犬的身影就消失了，或许是因为它们成了人类的猎物。大型肉食性犬科动物全都从南美洲消失了。

长长的嘴巴向前凸！

　　南美马现已灭绝，不过它们的祖先，生活在北美的上新马生存了下来，进化成了现在的马。南美马和现在的马一样，蹄子为一趾。

　　它们的饮食习性与现在的马不同。现在的马吃草，而南美马吃树叶。它们可以用鼻尖灵巧地采集树叶并吃掉。大概正是因为如此，南美马的脸形与现在的马也不同，它们长长的嘴巴向前凸起。

　　另外，发掘出的南美马化石上有被人类石器所伤的痕迹，它们或许曾经遭到过人类的捕猎。

和现在的马一样，只有一趾

南美马

我和现在的马
是远亲！

南美马
Hippidion

- ●分类　　　　　　　哺乳纲
- ●生存时间　　　　　新生代第四纪
- ●体形大小　　　　　体长3米
- ●发现地/栖息地　　　南美全境
- ●名称含义　　　　　曾生活在南美的马

吃树叶的马？！

人类带到岛上的羊吃掉了它们的食物青草，因此灭绝？！

我是孤独的乔治！

平塔岛象龟
Chelonoidis abingdonii

- **分类**   爬行纲
- **生存时间**   生存到 2012 年 6 月 24 日
- **体形大小**   全长 1.2 米
- **发现地 / 栖息地**   科隆群岛平塔岛
- **名称含义**   平塔岛上的象龟

    2012 年 6 月 24 日，人类饲养的最后一只平塔岛象龟"孤独的乔治"死亡，平塔岛象龟自此灭绝。

    平塔岛象龟是生活在平塔岛上的特有亚种。20 世纪初，人们认为它已经灭绝，结果在 1971 年发现一只，并且将它保护起来。

保护自己的坚硬甲壳

平塔岛象龟

2012 年，最后一头平塔岛象龟死亡

后来，人们曾经尝试让它与其他亚种繁育后代，可未成功，因此它并没有留下子孙就去世了，推测年龄为 100 岁。象龟的寿命可达 200 岁，所以虽然它活到了 100 岁，依然属于短命。

下颌有容纳长牙的"鞘"

长牙

下颌突起

我很擅长伏击！

像猫，但是属于有袋类动物

袋剑齿虎

　　名字中有"剑齿虎"三个字，外形同剑齿虎也很像，但剑齿虎是猫科动物，而袋剑齿虎则是有袋动物的一种，现在的袋鼠是有袋类的代表性动物。人们发现袋剑齿虎化石的地方并不是大洋洲，而是南美洲。

　　　　　袋剑齿虎的下颌内藏着长牙，还有像刀鞘一样的部位，作用被认为是保护牙齿。

　　　　　袋剑齿虎不擅长快速奔跑，和剑齿虎一样，会伏击捕食动作迟缓的大型猎物。

袋剑齿虎
Thylacosmilus

●分类　　　　　　哺乳纲
●生存时间　　　　新生代晚第三纪
●体形大小　　　　体长 1.5 米
●发现地／栖息地　阿根廷
●名称含义　　　　有袋的像剑齿虎的动物

上下颌中有
巨大的牙齿。

闪兽
Astrapotherium

- ●分类　　　　　哺乳纲
- ●生存时间　　　新生代晚第三纪中新世
- ●体形大小　　　体长 2.5 ~ 3 米
- ●发现地 / 栖息地　南美洲
- ●名称含义　　　闪电兽

外形就像三种哺乳类 动物的结合

有大象一样的鼻子

闪兽

闪兽有像大象一样的鼻子，和现在的貘、河马也有相似之处，同类动物属于闪兽目，主要生活在南美洲。

体长 2.5 ~ 3 米，体重能达到 1 吨，是体形相当巨大的动物。

上下颌中的大牙齿，似乎会不断地生长。它用牙和鼻子可以挖出浅滩里的植物吃掉。

闪兽生活在晚第三纪中新世的南美洲，是一种不可思议、样子独特的动物。

生活在地面上，巨大的地懒

股骨懒
Scelidotherium

- ●分类　　　　　哺乳纲
- ●生存时间　　　新生代晚第三纪中新世中期到第四
　　　　　　　　纪更新世末期
- ●体形大小　　　体长 1.8 ~ 2 米
- ●发现地 / 栖息地　南美洲
- ●名称含义　　　大腿骨发达的动物

生活在温暖的森林中。

奔跑的巨型地懒?!

股骨懒

股骨懒与体形超大的树懒亚目的大地懒相似。体形没有大地懒那么巨大（6～8米），不过与现在树懒亚目中的动物相比，还是相当大的。它生活在中新世中期到更新世末期，主要生活在南美洲。

　　学界认为股骨懒不仅能在地面上行走，还能够奔跑。另外，它们似乎经常被上文中出现的袋剑齿虎（87页）捕食。

　　股骨懒在森林中吃树叶生活，可是从大约 30 万年前开始，它们生活的森林由于雨量减少而逐渐消失，股骨懒因此而灭绝。

我还能在地面上奔跑哟！

上下颌都有锐利的牙齿

梅氏利维坦鲸

我是中新世
大海中的捕食者
之王!

梅氏利维坦鲸与抹香鲸很像，不过上下颌都有锐利的牙齿（现在的抹香鲸牙齿小，而且只长在下颌）。

据推测，梅氏利维坦鲸的体形大小和抹香鲸差不多一样大，牙齿锐利，会捕食其他鲸等巨大的猎物。利维坦是传说中的一个怪物，这种鲸鱼的名称由此而来。真是可怕的名字啊。

2008 年，在秘鲁发现了梅氏利维坦鲸的部分头骨化石。它或许是中新世大海中可怕的捕食者。

被称为海中"怪物"的巨大鲸类

梅氏利维坦鲸
Livyatan

- 分类　　　　　　哺乳纲
- 生存时间　　　　新生代晚第三纪中新世
- 体形大小　　　　体长 13.5 ~ 17.5 米
- 发现地 / 栖息地　秘鲁
- 名称含义　　　　利维坦（《旧约全书》中的怪物）

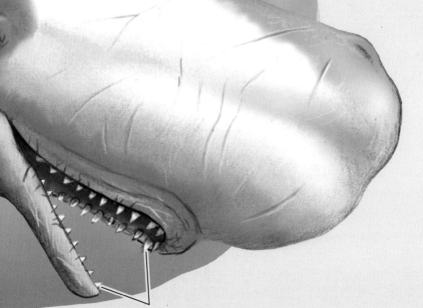

上下颌都有锐利的牙齿。

又大又长的喙

我是头最大的
鸟类之一！

在地面上奔跑的
肉食性鸟类

这种恐怖的鸟会让人联想到有羽毛的恐龙，是一种大型鸟类。卡林肯窃鹤主要活跃在晚第三纪中新世的南美洲，食肉，不能飞。

1999 年，人们第一次发现卡林肯窃鹤的化石，后来又发现了长长的后腿骨。

卡林肯窃鹤的拉丁名 *Kelenken* 在特维尔切人（巴塔哥尼亚的土著居民）的语言中是"恶魔"的意思。卡林肯窃鹤仅头部就有大约 70 厘米长，有长长的喙，擅长迅速奔跑，目光凶狠，"恶魔"的名称在它身上恰如其分。

恐怖的长腿鸟
卡林肯窃鹤

卡林肯窃鹤
Kelenken

- 分类　　　　　　鸟纲
- 生存时间　　　　新生代晚第三纪中新世
- 体形大小　　　　高 3 米
- 发现地 / 栖息地　阿根廷
- 名称含义　　　　恶魔（在特维尔切人语言中的意思）

长鼻子

和骆驼相似的体格

我的长鼻子最
适合吃树叶了!

与现在的骆驼体格
相似，长了一条像
貘一样的鼻子

曾是南美洲代表性的哺乳动物

后弓兽

后弓兽的体长能达到 3 米，和现在的骆驼大小相当，体格也相似。它的鼻子较长，学界对此意见并不统一，有一种说法认为它的鼻子和大象、貘相似，还有一种说法认为它的鼻子像驼鹿一样隆起。

后弓兽属于滑距骨目动物，是曾经在南美洲大量生活的古哺乳类动物中的最后成员，从晚第三纪中新世生存到第四纪更新世。

后弓兽住在南美洲的草原和森林中，对于它的食物，学界的看法不同，有人认为它们会用长长的鼻子吃高处的树叶，还有人认为它们吃水中的食物。后弓兽真是一种神秘的动物。

后弓兽
Macrauchenia

- ●分类　　　　　哺乳纲
- ●生存时间　　　新生代晚第三纪中新世到第四纪更新世
- ●体形大小　　　体长 2.5 ～ 3 米
- ●发现地／栖息地　南美洲
- ●名称含义　　　长长的颈部

体毛柔软的大型犬科动物

南极狼

只吃鸟，像狐狸一样的肉食性野兽？！

南极狼是生活在马尔维纳斯群岛上的大型肉食性犬科动物。它的身形与狐狸相似，不过结实的嘴更像狼。南极狼的食物主要是鸟类，在马尔维纳斯群岛上，能作为猎物的只有鸟。

因为南极狼会袭击人类带到岛上的羊，而且南极狼柔软的

柔软的毛

结实的嘴，猎物是鸟。

我被当成
有害的
野兽了!

南极狼
Dusicyon australis

毛可以做成毛皮衣服，所以
尽管这种狼对人类毫无戒心，
却还是被当成有害的野兽驱
逐捕杀，结果因此而灭绝。

● 分类　　　　　　　哺乳纲
● 生存时间　　　　　生存到 1876 年
● 体形大小　　　　　体长 1 米
● 发现地 / 栖息地　　马尔维纳斯群岛
● 名称含义　　　　　南边的狼

亚马孙遭到破坏，
动物失去了家园！

由于地球环境的变化，迄今为止已经有大量动物灭绝，同时也诞生出很多新物种。这是无可奈何的发展趋势，就连曾经处在全盛时期的恐龙们，都因为陨石的冲击和地球环境的变化而灭绝了。

　　现在的动物总有一天同样会走向灭亡。如果无法适应地球环境的变化，就会失去生存的资格。

不能破坏自然环境

　　尽管现在的动物也会走向灭亡之路，但这并不是说我们可以因此而随意破坏自然环境。现在，哺乳动物迎来了全盛时期，在此之前是恐龙。可是就算是在恐龙统治地球的中生代时期，依然生活着小小的哺乳类动物和人类的祖先们。

　　恐龙灭绝之后，藏在其阴影下的哺乳类动物成了地球的主角，经过后来的不断进化，如今迎来了自己的繁荣期。可见就算在恐龙时代，也有众多动物存在，正因为如此，生物们才能迎来下一个时代，这就是生物多样化的优势。

　　可是如果地球都变成了不适合动物居住的地方，那么带来的结果将不仅仅是哺乳类动物的灭绝，而是所有生物的灭绝，地球生命将走向灭亡。

　　保护地球环境，不仅仅是保护人类，还是保护所有生物的生存与未来。

美洲豹正从亚马孙消失

现在，很多地方不再有森林和雨林，它们大多因为人类的开发而消失，亚马孙正是这些消失的森林和雨林的代表。

21世纪，亚马孙雨林有超过51万平方千米消失了。亚马孙中生活着很多动物们。站在食物链顶端的，是大型猫科动物美洲豹。

全世界有多种猫科动物站在生态系统的顶端，比如非洲等地的狮子、亚洲的老虎，还有北美南部和南美的美洲豹。

美洲豹已经在乌拉圭和厄瓜多尔灭绝了，玻利维亚的美洲豹数量也在急剧减少。《世界自然保护联盟（IUCN）濒危物种红色名录》将美洲豹指定为近危（NT）动物。

第四章

原始的自然环境，有袋类动物的王国
——大洋洲大陆！
本章为大家介绍曾经生活在这里的 12 种动物。

失败的进化而灭绝的动物

曾生活在大洋洲大陆，因为

双门齿兽

史上最大的有袋类动物

有袋类动物指的是像袋鼠一样，将宝宝放在自己的袋子中养育的动物。

双门齿兽是已知最大的有袋类动物，体长能达到 3 米。行走时，它的手脚能像熊一样紧贴地面，虽然它有巨大的爪子和门牙，却不是肉食性动

又大又结实的门牙

性格是不是太温和了……

物，而是草食性动物。

　　双门齿兽性格温和，甚至有些过于温和了。或许正是这样的性格给它们带来了灾难，当人类出现在大洋洲不久，双门齿兽就灭绝了。另外，双门齿兽长大需要花费很长时间，如果在数量还不够多的时候遭到人类的捕猎……不过，目前确切的灭绝原因尚未知晓。

我要花很长时间才能长大！

双门齿兽
Diprotodon

●分类　　　　　　哺乳纲
●生存时间　　　　新生代晚第三纪到第四纪
●体形大小　　　　体长 3 米
●发现地 / 栖息地　澳大利亚
●名称含义　　　　有两对门齿

粗壮、紧紧抓住
地面的爪子

我最喜欢
咸咸的草了！

巨型短面袋鼠
Prokoptodon goliah

● 分类　　　　　哺乳纲
● 生存时间　　　新生代第四纪
● 体形大小　　　体长 3 米
● 发现地 / 栖息地　澳大利亚南部到东南部
● 名称含义　　　有锋利牙齿的歌利亚（《旧约
　　　　　　　　全书》中出现的巨人战士）

有一趾的脚 ————

现在的袋鼠站立时的高度有 1.8 米左右，而巨型短面袋鼠则能达到 2 米。不过它的脸很短，眼睛朝向前方，据说和当时的人类很像。

这种袋鼠喜欢吃有味道的草，经常为了喝水跑到很远的地方，它只有一趾的脚很适合奔跑。

可是巨型短面袋鼠居住在沙漠较多的地方，而有水的区域都被人类占领了，因此它们没办法轻易喝到水。可能这是导致它们灭绝的原因之一。

像人类的短面

▲▲▲▲▲▲▲▲▲▲

脸长得像人?！

巨型短面袋鼠

奇怪的长相和巨大的身体

我的猎物是
袋鼠!

和袋熊相似的牙齿

拇指灵活，可用
锋利的指甲抓住东西。

像猫一样向前挥舞的前肢

屠戮袋狮
Thylacoleo carnifex

- ●分类　　　　　哺乳纲
- ●生存时间　　　新生代第四纪
- ●体形大小　　　体长 1.8 米
- ●发现地／栖息地　澳大利亚
- ●名称含义　　　吃肉、有育儿袋的狮子

▲▲▲▲▲▲▲▲▲▲

从食草动物变成食肉动物

屠戮袋狮

屠戮袋狮是有袋类动物中最大的肉食性动物。发现屠戮袋狮的人是古生物学家斯蒂芬·罗，他最初将屠戮袋狮定为了肉食性动物。可是在此后的研究中发现，屠戮袋狮的牙齿结构与袋熊的和袋鼠的相似，于是屠戮袋狮又被当成了食草动物。

然而经过周密的调查后发现，屠戮袋狮牙齿上的伤痕是食肉动物特有的伤痕，斯蒂芬·罗最终被证明是正确的。根据牙齿的结构，学界认为屠戮袋狮原本是草食性或者杂食性动物，在进化的过程中逐渐变成了肉食性动物。

屠戮袋狮的牙齿适合咬住猎物，它似乎可以像猫一样挥舞前肢，用锋利的爪子发动袭击。屠戮袋狮的大小与狮子相近。

像狮子一样的动物，擅长捕获猎物！

像老虎一样的横条纹皮毛

我的别名是
塔斯马尼亚虎哟!

袋狼
Thylacinus cynocephalus

● 分类　　　　　　　哺乳纲
● 生存时间　　　　　生存到 1936 年
● 体形大小　　　　　体长 1.3 米
● 发现地 / 栖息地　　澳大利亚
● 名称含义　　　　　外形像狼狗的有袋类动物

被狗驱逐而灭绝？！

像袋鼠一样的尾巴

能像袋鼠一样跳跃的腿

1936 年 9 月灭绝

袋狼

　　袋狼的外形和狼狗相似。按照系统分类，它属于有袋目，是较大的哺乳动物。从现在留下的照片中可以看到袋狼身上极具特点的横条纹和细细的尖尾巴。

　　最后一只袋狼于 1936 年 9 月 7 日在动物园中死亡。在那之后虽然屡屡出现目击者，可是并没有确凿的证据。学界认为它们灭绝的原因是人类带来的狗赶走了袋狼。同时，也有说法认为，袋狼会捕食家畜，所以人们也会大量捕杀袋狼。可以说是人类造成了它们的灭绝。

可以折叠的翅膀

喙和翅膀
都比现在的企鹅
更纤细!

威马奴企鹅

威马奴企鹅发现于新西兰，是现在已知最原始的企鹅。

它的脖子比现在的企鹅更细、更长，喙和翅膀也更纤细，学界认为它们的翅膀可以折叠。虽说是企鹅，不过威马奴企鹅的外形更像现在的鸬鹚。

虽然不会飞，不过威马奴企鹅能在海中游泳。

它们生活在早第三纪古新世，其实还有一种说法认为它们早在白垩纪末期就已经出现在地球上了。

威马奴企鹅
Waimanu

- ●分类　　　　　　鸟纲
- ●生存时间　　　　新生代早第三纪古新世
- ●体形大小　　　　全长 1 米
- ●发现地 / 栖息地　新西兰
- ●名称含义　　　　水鸟（毛利人的语言）

已知最原始的企鹅

卷角龟
Meiolania

●分类　　　　　爬行纲
●生存时间　　　生存到新生代第四纪
●体形大小　　　全长 2.4 米
●发现地 / 栖息地　澳大利亚
●名称含义　　　小小的流浪者

带刺的尾巴

长角的巨型陆龟
卷角龟

卷角龟全长 2.4 米，是历史上最大的陆龟。

它的后脑长着小小的角，尾巴上有坚硬的刺状突起。据推测，卷角龟会用尾巴保护自己来避免敌人的伤害。

卷角龟是龟鳖类动物，在晚第三纪的地层中发现了它的化石。

卷角龟的甲壳长度能达到 1 米，头和脚似乎无法缩回甲壳中。

在食性方面，有一种说法认为卷角龟是食肉动物，也有说法认为它们吃植物，意见并不统一。

后脑上的角

历史上最大的
陆龟

全长 1.8 米。

体重超过
100 千克!
必须减肥了!

大大的后脚

▲▲▲▲▲▲▲▲▲▲

这可是世界上最大的企鹅

巨鸟企鹅

　　说到世界上最大的企鹅，大家或许会想到现在的帝企鹅，帝企鹅全长能达到 1.3 米。不过巨鸟企鹅的全长能达到 1.8 米，大得令人有些难以置信。其实它就是历史上最大的企鹅，大小与人类相当。

　　新西兰早第三纪古新世的地层中发现了巨鸟企鹅的化石，在 2017 年成为重要的新闻。

巨鸟企鹅
Kumimanu

- ●分类　　　　　鸟纲
- ●生存时间　　　新生代早第三纪
- ●体形大小　　　全长 1.8 米
- ●发现地 / 栖息地　新西兰
- ●名称含义　　　毛利人神话中的巨大的怪鸟

和人类差不多大小的企鹅？！

现在的三趾针鼹（yǎn）只生活在新几内亚高地。

哈氏长吻针鼹是三趾针鼹的同类，前者的大小几乎是后者的两倍，生活在第四纪更新世的澳大利亚。

哈氏长吻针鼹和鸭嘴兽一样，是一种单孔目动物，特点是有细长的口鼻和身体上的短刺。

大小几乎是三趾
针鼹的两倍

哈氏长吻针鼹
Zaglossus hacketti

- ●分类 哺乳纲
- ●生存时间 新生代第四纪更新世
- ●体形大小 体长 90 厘米
- ●发现地 / 栖息地 澳大利亚
- ●名称含义 哈克特（报纸记者名字）

曾经存在过的巨型针鼹

哈氏长吻针鼹

短刺

细长的口鼻

曾经生活在
澳大利亚!

维卡里螺
Vicarya

- ●分类　　　　　　腹足纲
- ●生存时间　　　　新生代早第三纪始新世到晚第三纪中新世
- ●体形大小　　　　壳长 8～10 厘米
- ●发现地 / 栖息地　澳大利亚、亚洲、马绍尔群岛等
- ●名称含义　　　　维卡里（一位意大利军人的名字）

被发现的时候像宝石一样哟!

壳上有三角形的突起。

维卡里螺

壳上有突起的螺

据推测，维卡里螺生活在全世界温暖的水域，比如红树林湿地。壳上有很多三角形的突起。

日本也发现了维卡里螺的化石，壳中有硅质沉淀，贝壳溶解后就像玛瑙和蛋白石一样。其化石是从始新世到中新世的地层中发现的。壳长10厘米左右，呈圆锥形。

维卡里螺与至今还生活在红树林地带的海蜷相似。

住在温暖的红树林等地的螺

▲▲▲▲▲▲▲▲▲▲

明明曾经是森林的王者……

笑鸮

　　笑鸮的鸣叫声就像笑声一样。它曾以王者之姿君临森林，以森林中的小动物为食。

　　可是，笑鸮的警惕心不强，曾有照片拍到笑鸮宝宝叼着人类给的老鼠。

　　另外，笑鸮的翅膀较短，似乎不擅长飞行。不过它的脚趾能牢牢抓住地面，擅长行走。可是这个特点却为它们带来了灾难，人类带来的白鼬能轻而易举地抓住它们。从1914年之后，再也没有出现过准确的目击信息。

笑鸮
Sceloglaux albifacies

● 分类　　　　　　鸟纲
● 生存时间　　　　生存到1914年
● 体形大小　　　　全长40厘米
● 发现地／栖息地　新西兰
● 名称含义　　　　会笑的猫头鹰

因为飞行能力不强，多在地面活动，行踪暴露而灭绝？！

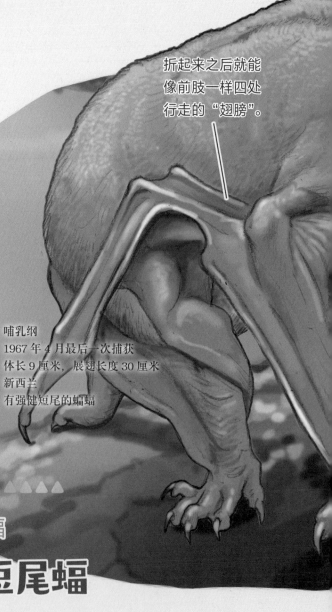

折起来之后就能像前肢一样四处行走的"翅膀"。

被外来的陆生哺乳动物捕食！

强壮短尾蝠
Mystacina robusta

● 分类　　　　　　哺乳纲
● 生存时间　　　　1967 年 4 月最后一次捕获
● 体形大小　　　　体长 9 厘米，展翅长度 30 厘米
● 发现地 / 栖息地　新西兰
● 名称含义　　　　有强健短尾的蝙蝠

▲▲▲▲▲▲▲▲

行走的蝙蝠

强壮短尾蝠

外来的哺乳类
太可怕了！

　　强壮短尾蝠和笑鸮一样，是新西兰的特有物种。直到人类踏上新西兰之前，没有任何一种哺乳动物会捕获它们。

　　比起飞行，强壮短尾蝠会优先选择在地面行走。它的"翅膀"折起来之后就能像前肢一样四处行走。当时，新西兰没有陆生哺乳动物，因此强壮短尾蝠可以在地面随心所欲地寻找食物。

　　可是，强壮短尾蝠遭到了外来的猫、狗、白鼬等的袭击。对这些陆地上的捕猎者来说，再也没有比不会飞的蝙蝠更容易捕获的猎物了。于是强壮短尾蝠灭绝了。

雄鸟背部的羽
毛是蓝黑色，
雌鸟是茶灰色。

雄鸟和雌鸟腹
部的羽毛都是
白色，脖子下
方是淡黄色。

被混入军舰
的蛇捕食！

关岛阔嘴鹟体形小巧，能放在手心里，曾经生活在太平洋诸岛上。太平洋中的关岛曾经发生过战争，大量军舰和士兵上岛。当时，棕树蛇混入军舰上岛，肆意捕食关岛上的鸟类。

棕树蛇长成后能达到2米，这样的长度足以让它们轻而易举地来到鸟巢旁，它们可以肆意捕猎关岛阔嘴鹟。于是关岛阔嘴鹟成了蛇嘴下的牺牲品。

直到1960年，关岛阔嘴鹟依然很多，可是到了20世纪80年代却数量剧减。1984年5月15日，人类捕获的最后一只关岛阔嘴鹟死亡。

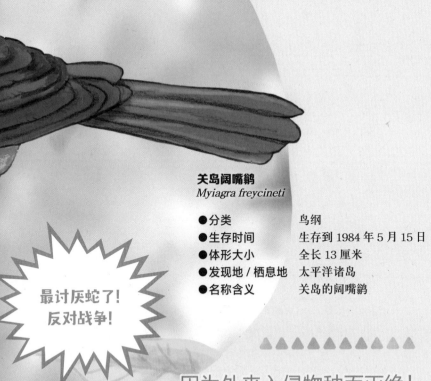

关岛阔嘴鹟
Myiagra freycineti

● 分类　　　　　　鸟纲
● 生存时间　　　　生存到1984年5月15日
● 体形大小　　　　全长13厘米
● 发现地／栖息地　太平洋诸岛
● 名称含义　　　　关岛的阔嘴鹟

最讨厌蛇了！
反对战争！

▲▲▲▲▲▲▲▲▲▲

因为外来入侵物种而灭绝！

关岛阔嘴鹟

有袋类动物比胎盘动物更容易灭绝?

　　欧亚大陆和周边地区几乎见不到有袋类动物,它们大部分只生活在大洋洲大陆。有袋类动物会将幼崽放入肚子外面的袋子中养育,代表动物是袋鼠。

胎盘动物是否优于有袋类动物?

那么,为什么欧亚大陆上没有有袋类动物呢?以前似乎有过,因为欧亚大陆发掘出了有袋类动物的化石。

学界认为是胎盘动物在生存竞争中胜过了有袋类动物。欧亚大陆的环境确实更适合胎盘动物生存。有袋类动物需要在育儿袋里哺育未成熟的幼崽,而胎盘动物则等幼崽成熟再分娩,因此更加安全,仅这一点就足以提高幼崽的生存率。

另外,胎盘动物的幼崽在妈妈的肚子里时,大脑发育的时间较长,可是有袋类动物的幼崽早早离开了妈妈的肚子,大脑没有胎盘动物发育得好,因此二者的生存能力产生了差距。

有袋类动物中的袋鼠擅长在沙漠中生存

大洋洲大陆则不同,那里的环境更有利于有袋类动物。以前,人们认为大洋洲大陆之所以能成为有袋类动物的世界,是因为那里与欧亚大陆分离,胎盘动物无法进入。

可是大洋洲大陆上同样发现了少量胎盘动物的化石,证实了有袋类和胎盘动物曾在那里共存。后来,有袋类动物在大洋洲大陆战胜了胎盘动物。

原因可能在于大洋洲大陆的环境残酷,高温干燥,而有袋类动物在母体内育儿时间短,幼崽长大后就会从袋子里出来,和父母共同生活。此时如果环境恶化,危及了生命,父母就可以和孩子各自逃命。

可是胎盘动物由于孩子会长时间留在肚子里,所以怀孕的雌性较难逃脱险境,会导致母子共同死去。

另外，一些有袋类动物的胚胎在恶劣的环境中可以暂停发育，让胚胎休眠在子宫里。所以在环境恶化时，它们可以选择不生下孩子，为自己的生存争取时间。

　　正是大洋洲大陆的环境带来了有袋类动物的繁荣。

第五章

保留至今的动物世界
——非洲大陆！
本章为大家介绍曾经生活在这里的 11 种动物。

曾生活在非洲大陆，因为失败的进化而灭绝的动物

到头顶的高度
是 3 米。

三趾
的脚很强韧!
擅长奔跑!

短小的翅膀

马氏象鸟
Aepyornis maximus

● 分类　　　　　　　　鸟纲
● 生存时间　　　　　　生存到 17 世纪初
● 体形大小　　　　　　高 3 米, 体重 500 千克
● 发现地 / 栖息地　　　马达加斯加岛
● 名称含义　　　　　　身高最高的鸟

▲▲▲▲▲▲▲▲▲▲

巨鸟传说的原型?

马氏象鸟

1642 年,法国开始占领马达加斯加。从那以后,欧洲人知道了马氏象鸟的存在。虽然马氏象鸟已经灭绝,但进入 19 世纪后,完整的骨骼被运到欧洲,于是众多作家将马氏象鸟描绘成了传说中的鸟。

据说马氏象鸟是《一千零一夜》中出现的巨鸟的原型,正是它带着辛巴达飞出了无人岛。

可是马氏象鸟并不会飞,只会用有三趾的强韧脚爪在地面奔跑。真难为情啊。

这是一千零一夜中出场的巨鸟?!

133

一半时间生活在地面上，
一半时间生活在树上。

佛得角巨型石龙子
Chioninia coctei

- ●分类　　　　　　爬行纲
- ●生存时间　　　　生存到 1940 年左右
- ●体形大小　　　　全长 60 厘米
- ●发现地 / 栖息地　佛得角群岛中的布兰科岛和拉索岛
- ●名称含义　　　　可烹饪的蜥蜴

▲▲▲▲▲▲▲▲

被流放的人吃掉了太多!

佛得角巨型石龙子

　　非洲西海岸的大西洋中伫立着佛得角群岛。其中，有两座岛屿上曾经生活着佛得角巨型石龙子，那就是布兰科岛和拉索岛。1833 年，这两座岛屿成了流放地，更多的外来者踏上了岛屿。这些被流放的人过着自给自足的生活，所以佛得角巨型石龙子成了他们的食物，腹部的脂肪还被当成伤药使用。

我肚子上的脂肪被做成药了！

人类不仅捕食它们，还夺走了它们的家园！

不仅如此，人类还开发岛屿，砍伐草木，于是在树上生活的佛得角巨型石龙子失去了家园。不仅要被吃掉，还被夺走了家园，真是太过分了。

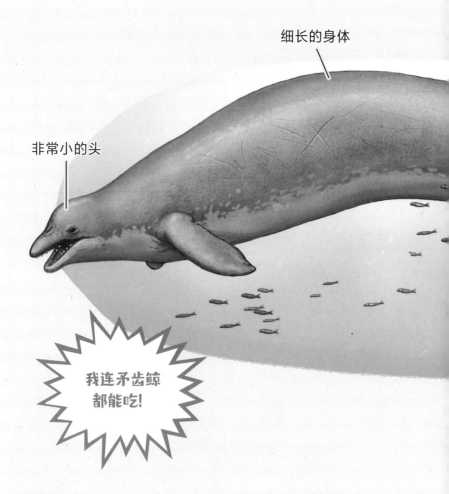

细长的身体

非常小的头

我连矛齿鲸
都能吃！

龙王鲸
Basilosaurus

- ●分类　　　　　　哺乳纲
- ●生存时间　　　　新生代早第三纪
- ●体形大小　　　　体长 25 米
- ●发现地 / 栖息地　从非洲到美洲、亚洲都有
- ●名称含义　　　　蜥蜴之王

游起来扭来扭去的

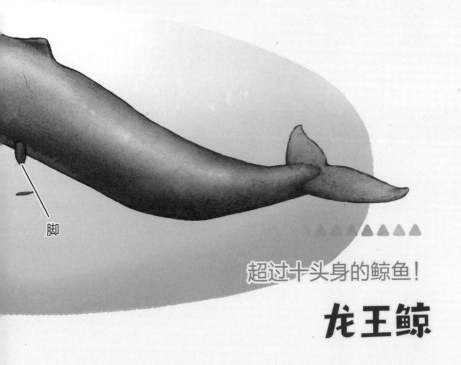

脚

超过十头身的鲸鱼！

龙王鲸

　　刚被发现时，龙王鲸的骨骼化石被当成了爬行类动物的化石，所以学名中有 *saurus*（蜥蜴）。再加上它的骨骼相当大，于是又加上了代表王的单词 *basilo*。

　　可实际上龙王鲸是哺乳动物，是鲸的祖先，体长能达到 25 米，头相对来说较小。鲸本来是生活在陆地上的动物，后来才进入大海，所以龙王鲸身上还留着小小的脚。

　　龙王鲸身体细长，游泳时扭来扭去的，似乎还不太熟练。不过它的牙齿锋利，据说是可怕的捕食者。

▲▲▲▲▲▲▲▲▲▲

被一网打尽的牛科动物

北非麋羚

　　有说法认为北非麋羚是麋羚的亚种，也有说法认为它们是独立的物种，属于体形较小的物种。它们身上有栗色的毛，尾巴尖逐渐变黑。

　　北非麋羚自古以来就和人类有交集。古埃及的坟墓里曾经出土了北非麋羚的角。古罗马时代的镶嵌画中出现过北非麋羚的身影。亚里士多德等人曾记述过它们。

　　然而，占领了摩洛哥等地的法军大量捕杀北非麋羚，并且将它们当成了食物。最终，1923 年 11 月 9 日，最后一头北非麋羚死在了巴黎的动物园中。

自古以来就和人类有交集！却惨遭屠戮！

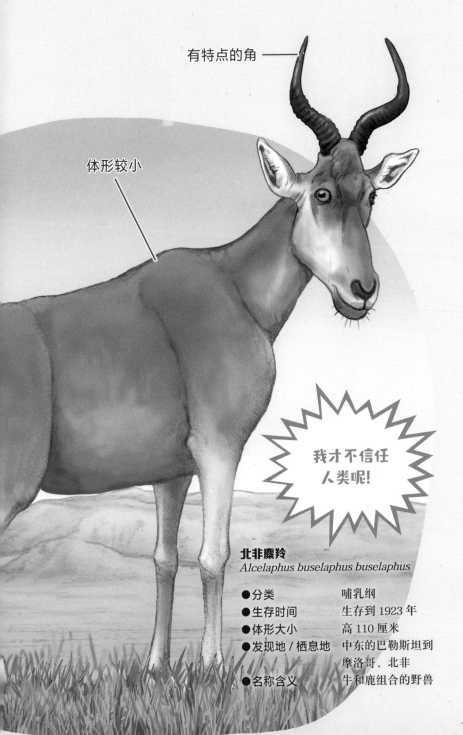

有特点的角 ——

体形较小

我才不信任
人类呢!

北非麋羚
Alcelaphus buselaphus buselaphus

- 分类　　　　　哺乳纲
- 生存时间　　　生存到 1923 年
- 体形大小　　　高 110 厘米
- 发现地 / 栖息地　中东的巴勒斯坦到
　　　　　　　　摩洛哥、北非
- 名称含义　　　牛和鹿组合的野兽

139

我们是最早使用工具的人类！

全身还覆盖着毛。

通过双足行走来移动。————

140

▲▲▲▲▲▲▲▲▲▲

被认为是最早的人类

南方古猿

南方古猿在教科书中是最早的人类。名称中的 *pithecus* 是类人猿的意思，人类起源于非洲，南方古猿同样如此。

他们是最早使用工具的物种，已经可以完全靠双足行走，自由使用双手了。

另外，双足行走能促进大脑的发育。因为四肢行走时头部在前，如果大脑过重会向前栽倒。

这是人类大脑发达的主要原因之一，也是与其他动物的显著不同之处。不过这是不是没有坏处就要另说了……

站起来行走
也不错!

南方古猿
Australopithecus

- ●分类　　　　　　哺乳纲
- ●生存时间　　　　新生代晚第三纪
- ●体形大小　　　　高 150 厘米
- ●发现地 / 栖息地　非洲
- ●名称含义　　　　南方的类人猿

▲▲▲▲▲▲▲▲▲▲

脖子终于变长的长颈鹿

朱玛长颈鹿

朱玛长颈鹿和现在的长颈鹿外形非常相似，是偶蹄目长颈鹿科已经灭绝的物种。在晚第三纪后期到第四纪前期的地层中发现了它们的化石。

长颈鹿科其他动物的登场时间同样是晚第三纪，当时的萨摩麟和西瓦兽的脖子还不像现在的长颈鹿这样长。不过朱玛长颈鹿的脖子已经变长，和现在的长颈鹿几乎没有区别了。它们已经进化出适合吃高处树叶的体形。

朱玛长颈鹿生活在非洲大陆东部，角比现在的长颈鹿更粗更长。

朱玛长颈鹿
Giraffa jumae

- ●分类 哺乳纲
- ●生存时间 新生代晚第三纪到第四纪
- ●体形大小 高 5 米
- ●发现地 / 栖息地 非洲东部
- ●名称含义 朱玛（人名）的长颈鹿

和现在的长颈鹿几乎没有区别，长颈鹿的初期物种

143

和现在的海豚相似的古鲸

小小的后腿

▲▲▲▲▲▲▲▲▲

留有退化后腿的古鲸

矛齿鲸

矛齿鲸是一种古鲸，还保留着小小的后腿。体长大约有 5 米，体形与现在的海豚相似。不过从头骨的形状推测，它无法像海豚那样进行回声定位。

与几乎同一时期生活在海里的另一种古鲸龙王鲸（136 页）相比，矛齿鲸的体形更小，有时会被对方吃掉。

因为它有尖锐的"像矛一样的牙齿"，所以被称为矛齿鲸。

尖锐的牙齿

矛齿鲸
Dorudon

- ●分类　　　　　　哺乳纲
- ●生存时间　　　　新生代早第三纪
- ●体形大小　　　　体长4.5 ~ 5米
- ●发现地 / 栖息地　埃及、北美洲
- ●名称含义　　　　有像矛一样的牙齿

熊还是狗？

半熊

鼻子比熊长。

数量众多的
犬型总科动物
之一！

样子像狗，其实是熊

虽然半熊是熊科动物，不过长得和狗很像。

学名也有"一半像狗"的意思，和熊相比鼻子更长，根据推测，它们与现在的狗一样踮着脚在地面行走，脚跟不着地。根据脚的构造，推测半熊能轻快地走路、奔跑。

半熊是杂食性动物，不仅生活在非洲，还曾生活在更广泛的地区。另外，不仅是半熊，犬科之外还有各种各样和狗有些相同特征的动物，可统一称为犬型总科动物。

行走时脚跟不着地。

半熊
Hemicyon

●分类　　　　　　　哺乳纲
●生存时间　　　　　新生代晚第三纪
●体形大小　　　　　体长 1.5 米
●发现地 / 栖息地　　非洲、亚欧、美洲等
●名称含义　　　　　一半像狗的熊

古老的象类动物

稍长的鼻子

小小的牙齿

始祖象
Moeritherium

- ●分类 　　　　　哺乳纲
- ●生存时间 　　　新生代早第三纪
- ●体形大小 　　　体长 1.7 米
- ●发现地 / 栖息地　北非
- ●名称含义 　　　莫里斯湖的野兽

和猪
差不多大!

牙齿较小的古老象类动物

始祖象

　　始祖象生活在早第三纪始新世到渐新世中期的北非，是原始象的一种。大小和现在的猪相近，没有长长的象牙，身体长，腿短，体形和现在的倭河马相似。

　　和始祖象同一时期生活在同一地点的"渐新象"鼻子和牙都伸长了一些，样子比始祖象更接近现在的大象。

　　始祖象是进化过程中的古老象类动物，生活在水边。

向后弯曲的角

美丽的蓝色皮毛

虽然长得像鹿，其实是牛科动物哟！

美丽的蓝色皮毛被人类看中，遭到捕杀

▲▲▲▲▲▲▲▲▲▲

散发出美丽蓝色光泽的牛科动物

蓝马羚

　　蓝马羚是生活在南非的牛科动物，于 19 世纪确认灭绝。

　　蓝马羚的数量原本就不多，在沿海地区的草原和森林等狭小的生活圈组成小群落勉强度日。

　　可是在 1652 年，荷兰人入侵南非，人类看上了蓝马羚美丽的蓝色皮毛和角，并且把它们当作食物以及狩猎的对象。

　　另外，在人类开拓土地的过程中，蓝马羚生活的草原和森林变成了田地和城镇，蓝马羚失去了家园，最终灭绝。

蓝马羚
Hippotragus leucophagus

● 分类　　　　　哺乳纲
● 生存时间　　　生存到 19 世纪
● 体形大小　　　体长 1.8 ~ 2.1 米
● 发现地 / 栖息地　南非
● 名称含义　　　蓝色的鹿

151

被盗猎者看中的
美丽的角

与黑犀牛相比，白犀牛的嘴更宽。

▲▲▲▲▲▲▲▲▲

因为乱捕滥猎和一些国家的不稳定因素而灭绝?!

北部白犀牛

小时候身上有毛，
长大后脱落。

南方白犀牛人工
授精成功！接下
来轮到我们了！

北部白犀牛
Ceratotherium simum cottoni

●分类　　　　　　哺乳纲
●生存时间　　　　现存两头雌性
●体形大小　　　　高 150 厘米
●发现地／栖息地　非洲中部
●名称含义　　　　北方的白犀牛

　　北部白犀牛尚未灭绝，还有两头雌性生活在肯尼亚的自然
保护区中。雄性已经灭绝，不过留下了可用于人工授精的精子，
今后诞生出新的北部白犀牛宝宝并非没有可能。

　　北部白犀牛之所以即将灭绝，是因为乱捕滥猎和某些国家
的不稳定因素造成的。非洲中部持续的混乱状态让人们没有余
力来保护北部白犀牛，盗猎者看中了北部白犀牛的角。再加上
牧草地随着农业开发不断减少，加速了北部白犀牛的灭绝。

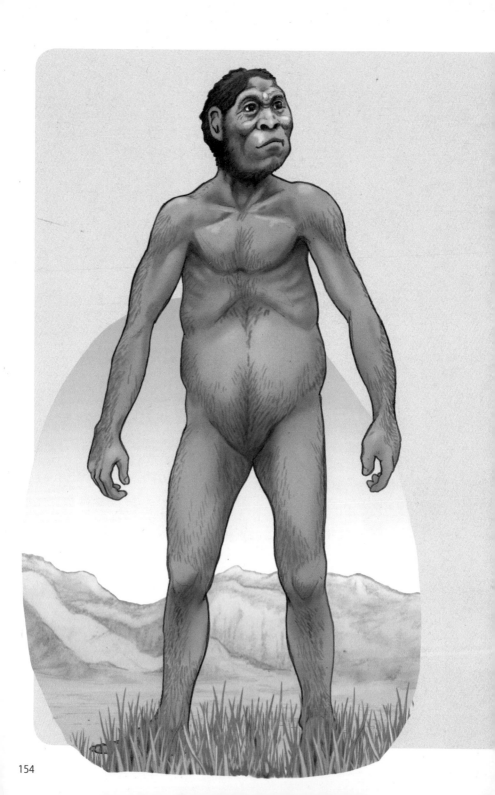

纳莱迪人是我们的祖先吗？

　　人类的发现日新月异，不断出现新的东西，改变我们的常识。过去曾有一段时期，学界认为北京人是日本人的祖先，如今又有了很多不同看法。智人（*Homo sapiens*）的祖先全部诞生于非洲，是由直立人（*Homo erectus*）进化而来，更早之前则是南方古猿（见 141 页）。

被埋葬的纳莱迪人

　　2017 年学界发表了新发现。智人的直系祖先是纳莱迪人。南非的升星岩洞中发现了纳莱迪人的骨骼，据调查，这些骨骼来自 33 ~ 23 万年前，正好是智人登场的时期。

　　骨骼整齐地摆放在洞穴中，形态完整。研究者凭借直觉认为他们是被埋葬的，纳莱迪人拥有接近智人的高度文明。

　　纳莱迪人的研究刚刚开始，或许会诞生出新的人类史。

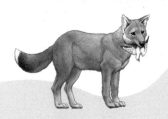

后　记

　　大家读完之后感觉如何？对这些动物灭绝的原因有更加明确深入的认识了吗？

　　然而事实是，有太多动物的灭绝原因无法简单概括。

　　从1万年前至今，灭绝的动物大多受到了人类的影响。特别是最近灭绝的动物，主要是因为被人类抢走了食物，或者被当成有害的野兽捕猎。另外，还有不少动物因为家园被人类破坏而灭绝。

　　可是同样有不少动物灭绝的理由不仅仅是因为人类。肉质鲜美的大海牛在被人类捕食而灭绝前，数量已经大幅减少，环境变化在其中起到了重要影响。本书尽可能客观地提到了多项灭绝原因，不过由于篇幅问题，也有些动物的灭绝原因只提到了一方面。

　　如果大家因为这本书，对动物灭绝的原因产生了兴趣，请去看一看更加详细地介绍动物的书籍吧，并

且请大家自己思考动物灭绝的原因。

任何事情都有多面性。如果只考虑一方面的原因自然简单易懂，但有时也会出错。

地球上的人口不断增加，与此同时，很多传染病也在流行。随着人口的增加和交流的深入，物质生活会越来越丰富，然而接触带来的危险也会增加。动物灭绝是有原因的，可是原因并不单纯。请大家仔细观察、认真思考，将思考的成果用在人类的未来和个人的未来上吧。

《失败的进化》编辑部

索引

参考文献

　『やりすぎ絶滅いきもの図鑑』(監修／今泉忠明、イラスト／川崎悟司、宝島社、2019年9月刊)、『謎の絶滅動物たち』(著／北村雄一、大和書房、2014年5月刊)、『も〜っとわけあって絶滅しました』(監修／今泉忠明、著／丸山貴史、ダイヤモンド社、2020年7月刊)、『続わけあって絶滅しました』(監修／今泉忠明、著／丸山貴史、ダイヤモンド社、2019年7月刊)、『わけあって絶滅しました』(監修／今泉忠明、著／丸山貴史、ダイヤモンド社、2018年7月刊)、『絶滅どうぶつ図鑑』(著／ぬまがさワタリ、監修／松岡敬二、PARCO出版、2018年10月刊)、『写真に残された絶滅動物たち最後の記録』(著／エロル・フラー、訳／鴨志田恵、エクスナレッジ、2018年8月刊)、『ニューワイド学研の図鑑　大昔の動物』(学研プラス、2008年2月増補改訂版刊)、『講談社の動く図鑑ＭＯＶＥ　大むかしの生きもの』(講談社、2020年6月刊)、『学研の図鑑ＬＩＶＥ　古生物』(学研プラス、2017年7月刊)、『ポプラディア大図鑑ＷＯＮＤＡ　大昔の生きもの』(監修／大橋智之ほか、著／土屋健、ポプラ社、2014年7月刊)、『小学館の図鑑ＮＥＯ　大むかしの生物』(監修／日本古生物学会、小学館、2004年11月刊)、『世界の絶滅動物　いなくなった生き物たち1　ヨーロッパ・アジア』(作／エレーヌ・ラッジカク、ダミアン・ラヴェルダン、日本語訳監修／北村雄一、翻訳／泉暢子、汐文社、2015年1月刊)、『世界の絶滅動物　いなくなった生き物たち2　南北アメリカ』(作／エレーヌ・ラッジカク、ダミアン・ラヴェルダン、日本語訳監修／北村雄一、翻訳／泉

暢子、汐文社、2015 年 3 月刊)『世界の絶滅動物　いなく
なった生き物たち 3　アフリカ・オセアニア』(作 / エレー
ヌ・ラッジカク、ダミアン・ラヴェルダン、日本語訳監修 /
北村雄一、翻訳 / 泉暢子、汐文社、2015 年 3 月刊)、ナショ
ナルジオグラフィック、Wikipedia、CNN

编者

今泉忠明

　　毕业于东京水产大学（现东京海洋大学），之后在日本国
立科学博物馆从事哺乳动物分类及生态学研究，现任静冈县伊
东市猫咪博物馆馆长。曾参与日本文部省国际生物学事业计
划、日本列岛综合调查等。著有《艰难的进化》《危险的进化》
《失败的进化》等多部科普作品。

绘者

川崎悟司

　　1973 年出生于大阪。古生物研究者，无比热爱喜欢古生
物、恐龙等动物。古生物插画师。从 2001 年开始，开设了网
站收录出于兴趣绘制的生物插画。之后，那些个性十足、栩栩
如生的古生物插画大受欢迎。作品有《努力对比 动物进化图
鉴》(bookman 社) 等。

图书在版编目（CIP）数据

失败的进化 / (日) 今泉忠明编 ; (日) 川崎悟司绘 ;
佟凡译. -- 北京 : 中信出版社, 2023.10 (2025.2重印)
ISBN 978-7-5217-5404-9

Ⅰ.①失… Ⅱ.①今… ②川… ③佟… Ⅲ.①动物—
进化—青少年读物 Ⅳ.①Q951-49

中国国家版本馆CIP数据核字（2023）第033784号

失败的进化

编　　者 : [日] 今泉忠明
绘　　者 : [日] 川崎悟司
译　　者 : 佟凡
出版发行 : 中信出版集团股份有限公司
　　　　　（北京市朝阳区东三环北路 27 号嘉铭中心　邮编　100020）
承 印 者 : 北京尚唐印刷包装有限公司

开　　本 : 880mm×1230mm　1/32　　　印　　张 : 5.5　　　字　　数 : 120 千字
版　　次 : 2023 年 10 月第 1 版　　　　印　　次 : 2025 年 2 月第 2 次印刷
京权图字 : 01-2023-0200　　　　　　　审 图 号 : GS 京（2023）0600 号（书中插图系原文插图）
书　　号 : ISBN 978-7-5217-5404-9
定　　价 : 34.00 元